மருத்துவப் பலன்கள்-2

I0395948

வி.எஸ்.ரோமா

Copyright © V. S. Roma
All Rights Reserved.

ISBN 978-1-63904-417-7

This book has been published with all efforts taken to make the material error-free after the consent of the author. However, the author and the publisher do not assume and hereby disclaim any liability to any party for any loss, damage, or disruption caused by errors or omissions, whether such errors or omissions result from negligence, accident, or any other cause.

While every effort has been made to avoid any mistake or omission, this publication is being sold on the condition and understanding that neither the author nor the publishers or printers would be liable in any manner to any person by reason of any mistake or omission in this publication or for any action taken or omitted to be taken or advice rendered or accepted on the basis of this work. For any defect in printing or binding the publishers will be liable only to replace the defective copy by another copy of this work then available.

பொருளடக்கம்

1. அத்தியாயம் 1 — 1
நான் — 21

1

எள்ளுச்செடியின் மருத்துவ குணம்
கண்பார்வை

- பார்வையைத் தெளிவாக்கும் எள்ளுச்செடியின் மலர்களும் மருத்துவ குணம் கொண்டுள்ளது.
- உடலுக்கு சக்தி தரும் எள் போல எள்ளுச்செடியின் மலர்களும் மருத்துவ குணம் கொண்டுள்ளது.
- தூய வெண்மை நிறம் கொண்ட எள்ளுப்பூக்கள் அழகிய வடிவம் கொண்டவை.
- சங்க காலம் முதல் தற்கால கவிஞர்கள் வரை எள்ளுப்பூக்களை பெண்களின் நாசிக்கு ஒப்பிடுகின்றனர்.
- எள்ளுச்செடிகளில் புதிதாக பூக்கும் பூக்களை தினமும் பறித்து பச்சையாக சாப்பிட்டு மோர் பருகிவர கண் தொடர்பான நோய்கள் நீங்கும்.

மங்கலான பார்வை தெளிவடையும்

எள் செடியில் இருந்து பூவைப் பறித்து பற்களில் படாமல் விழுங்-கிவிட வேண்டும். ஒவ்வொன்றாக விழுங்க முயற்சி செய்ய வேண்டும். மொத்தமாக அள்ளிப் போடக்கூடாது.

ஒரே நேரத்தில் ஒன்றுக்குப் பின்னால் ஒன்றாக எத்தனை பூக்கள் விழுங்குகிறோமோ அத்தனை வருடங்களுக்கு கண் வலி வராது. மங்க-லான பார்வை தெளிவடையும்.

கண்களில் பூ விழுந்தவர்களுக்கு

பேரிச்சம்பழக்கொட்டையும், தாய்பாலில் இழைத்து அத்துடன் எள் பூவையும் கசக்கி இழைத்து சேர்த்து கண்களில் மை போல போட்டு வர, பூ விழுந்ததால் பார்வைக்குறைவு வந்தவர்கள் குணம் பெறுவார்கள்.

கண் எரிச்சல், கண் பார்வை மந்தம் உள்ளவர்கள்

கைப்பிடியளவு எள்ளுப்பூவை ஒரு சட்டியில் போட்டு பதமாக வதக்கி சூடு ஆறியதும், கண்கள் மீது வைத்துக் கட்டி விட வேண்டும். இதைப் படுக்கப் போகும் போது செய்யவும்.

காலையில் அவிழ்த்து விட வேண்டும். குணம் கிடைக்கும் வரை இதனை தொடர்ந்து செய்யவும். எள்ளுப்பூக்களில் இருந்து எடுக்கப்பட்ட தேன் உடலுக்கு பலத்தை தரும்.

கடுக்காயின் மருத்துவ குணங்கள்

கடுக்காய்

கடுக்காய் அனைத்து நாட்டு மருந்துக் கடைகளிலும் கிடைக்கும். தரமான கடுக்காயை வாங்கி வந்து உடைத்து, உள்ளே இருக்கும் பருப்பை எடுத்துவிட்டு, நன்கு தூளாக அரைத்து வைத்துக் கொள்ளவும். இதில் தினசரி ஒரு ஸ்பூன் அளவு இரவு உணவுக்குப்பின் சாப்பிட்டு வர, நோயில்லா வாழ்வை பெறலாம்.

சித்தர் பாடலில்,

"காலை இஞ்சி கடும்பகல் சுக்கு
மாலை கடுக்காய் மண்டலம் உண்டால்
விருத்தனும் பாலனாமே.

என்று கூறப்பட்டுள்ளது.

அதன்படி காலை வெறும் வயிற்றில் இஞ்சி, நண்பகலில் சுக்கு, இரவில் கடுக்காய் என தொடர்ந்து ஒரு மண்டலம் அதாவது 48 நாட்கள் சாப்பிட்டுவர, கிழவனும் குமரனாகலாம் என்பதே இந்தப் பாடலின் கருத்தாம். இதனால் அனைத்து நோய்களும் உங்களை அண்டாமல் பாதுகாத்துக் கொள்ளலாம்.

திரிபலா என்பது கடுக்காய், நெல்லிக்காய், தான்றிக்காய் ஆகிய மூன்றும் சம அளவு கலந்த மருந்தாகும். இதனை எவர் வேண்டுமானாலும் எவ்வளவு வேண்டுமானாலும் சாப்பிடலாம். குறிப்பாக ஆங்கில மருந்துகள் நிறைய உட்கொள்பவர்கள், இம்மருந்தினை காலை, இரவு உணவுக்குப்பின் சாப்பிட்டு வர, ஆங்கில மருந்துகளால் உண்டாகும் பக்க விளைவுகளைக் குறைத்துக் கொள்ளலாம். மேலும் சர்க்கரை

நோய்க்கு இணை மருந்தாய் பயன்படுத்தலாம்.

உடலில் நோய் தோன்றக் காரணம்

நமது உடலில் நோய் தோன்றக் காரணம் என்னவெனில், உஷ்ணம், காற்று, நீர் ஆகியவை தன்னளவில் இருந்து மிகுதல் அல்லது குறைவதால் தான். உஷ்ணத்தால் பித்த நோய்களும், காற்றினால் வாத நோய்களும், நீரால் கப நோய்களும் உண்டாகின்றன.

நமது தேகத்தை நீட்டித்து, ஆயுளை விருத்தி செய்ய எளிய வழி:

ஒருவனுடைய உடல், மனம், ஆன்மா ஆகிய மூன்றையும் தூய்மை செய்யும் வல்லமை கடுக்காய்க்கு உண்டு. கடுக்காய்க்கு அமுதம் என்றொரு பெயரும் உண்டு. தேவர்கள் பாற்கடலைக் கடைந்தபோது தோன்றிய அமிர்தத்திற்கு ஒப்பானது கடுக்காயாகும். கடுக்காய் வயிற்றில் உள்ள கழிவுகளையெல்லாம் வெளித்தள்ளி, அவனுடைய பிறவிப் பயனை நீட்டித்து வருகிறது.

கடுக்காயின் சுவை துவர்ப்பாகும். நமது உடம்புக்கு அறுசுவைகளும் சரிவரத் தரப்பட வேண்டும். எச்சுவை குறைந்தாலும் கூடினாலும் நோய் வரும். நமது அன்றாட உணவில் துவர்ப்பின் ஆதிக்கம் மிகவும் குறைவு. துவர்ப்பு சுவையே ரத்தத்தை விருத்தி செய்வதாகும். ஆனால் உணவில் வாழைப்பூவைத் தவிர்த்து பிற உணவுப் பொருட்கள் துவர்ப்புச் சுவையற்றதாகும். அன்றாடம் நமது உணவில் கடுக்காயைச் சேர்த்து வந்தால், நமது உடம்புக்குத் தேவையான துவர்ப்பைத் தேவையான அளவில் பெற்று வரலாம்.

கடுக்காய் குணப்படுத்தும் நோய்கள்

கண் பார்வைக் கோளாறுகள், காது கேளாமை, சுவையின்மை, பித்த நோய்கள், வாய்ப்புண், நாக்குப்புண், மூக்குப்புண், தொண்டைப்புண், இரைப்பைப்புண், குடற்புண், ஆசனப்புண், அக்கி, தேமல், படை, தோல் நோய்கள், உடல் உஷ்ணம், வெள்ளைப்படுதல், மூத்திரக் குழாய்களில் உண்டாகும் புண், மூத்திர எரிச்சல், கல்லடைப்பு, சதையடைப்பு, நீரடைப்பு, பாத எரிச்சல், மூல எரிச்சல், உள்மூலம், சீழ்மூலம், ரத்தமூலம், ரத்தபேதி, பௌத்திரக் கட்டி, சர்க்கரை நோய், இதய நோய், மூட்டு வலி, உடல் பலவீனம், உடல் பருமன், ரத்தக் கோளாறுகள், ஆண்களின் உயிரணுக் குறைபாடுகள் போன்ற அனைத்துக்கும் இறைவன் அருளிய அருமருந்தே கடுக்காய்.

பல் வியாதிகள்

கடுக்காய், கொட்டைப்பாக்கு, படிகாரம் ஆகிய மூன்றையும் வகைக்கு நூறு கிராம் எடுத்து ஒன்றாகத் தூள் செய்து கொள்ளவும். இதில் பல் துலக்கி வர அனைத்து பல் வியாதிகளும் தீரும்.

மூல நோய்

கடுக்காய்த் தூளை நீரிலிட்டு கொதிக்க வைத்து ஆற வைத்து, அந்த நீரால் ஆசன வாயைக் கழுவி வர மூல எரிச்சல், புண் ஆகியன ஆறும். கடுக்காய் அனைத்து வீடுகளிலும் கண்டிப்பாய் இருக்க வேண்டிய பொக்கிஷமாகும்.

கறிவேப்பிலையின் மருத்துவ குணங்கள்

கறிவேப்பிலையில் உடல் ஆரோக்கியத்தை மேம்படுத்தும் ஏராளமான சத்துக்கள் நிறைந்துள்ளன.

தாளிக்கும் போது சேர்க்கப்படும் ஓர் பொருள் தான் கறிவேப்பிலை. இந்த கறிவேப்பிலையை பலரும் சாப்பிடும் போது தூக்கி எறிந்துவிடுவார்கள். ஆனால் கறிவேப்பிலையில் உடல் ஆரோக்கியத்தை மேம்படுத்தும் ஏராளமான சத்துக்கள் நிறைந்துள்ளன.

கறிவேப்பிலையைக் கொண்டு நம் உடலில் உள்ள பல பிரச்சனைகளுக்கு தீர்வு காண முடியும். அதிலும் உடல் பருமனைக் குறைக்க, நீரிழிவைத் தடுக்க, மலச்சிக்கலை போக்க, செரிமான பிரச்சனைகளைத் தடுக்க என பலவற்றை கறிவேப்பிலையைக் கொண்டு சரிசெய்லாம்.

இங்கு உடலில் ஏற்படும் பிரச்சனைகளைக் குணப்படுத்த கறிவேப்பிலையை எப்படியெல்லாம் பயன்படுத்த வேண்டும் என்பது குறித்து கொடுக்கப்பட்டுள்ளது.

இரத்த சோகை

நாள்பட்ட இரத்த சோகை கொண்டவர்கள், உலர்ந்த கறிவேப்பிலையை பொடி செய்து சுடுநீர் அல்லது பாலுடன் சேர்த்து கலந்து பருகி வர, விரைவில் சரியாகும்.

கண்புரை

வயதான காலத்தில் கறிவேப்பிலையை சாறு எடுத்து, அந்த சாற்றினைப் பருகி வந்தால், அது பார்வை கோளாறுகளைத் தடுப்பதோடு, முதுமையில் ஏற்படும் கண் புரை நோயின் தாக்கத்தையும் தடுக்கும்.

மலச்சிக்கல்

மலச்சிக்கலால் பல நாட்களாக அவஸ்தைப்பட்டு வருகிறீர்களா? அப்படியெனில் 4-5 நாட்கள் சிறிது கறிவேப்பிலையை வெயில் நிழலில்

உலர்த்தி, பொடி செய்துக் கொள்ள வேண்டும். பின் ஒரு டீஸ்பூன் கறி-வேப்பிலை பொடியுடன், தேன் கலந்து சாப்பிட வேண்டும். இப்படி தினமும் 2-3 முறை உட்கொண்டு வந்தால், மலச்சிக்கலில் இருந்து உடனடி நிவாரணம் கிடைக்கும்

வயிற்றுப்போக்கு

15-20 கறிவேப்பிலை இலைகளை அரைத்து சாறு எடுத்து, அத்துடன் 1 டீஸ்பூன் தேன் கலந்து பருகி வந்தால், வயிற்றுப்போக்கு உடனடியாக நின்றுவிடும்.

உடல் பருமன்

உடல் பருமனால் கஷ்டப்படுபவர்கள் தினமும் காலையில் எழுந்ததும் வெறும் வயிற்றில் 10 கறிவேப்பிலை இலைகளை உட்கொண்டு வர வேண்டும். இதனால் உடலில் உள்ள கெட்ட கொழுப்புக்கள் கரைக்கப்பட்டு, உடல் பருமன் குறைவதோடு, நீரிழிவும் தடுக்கப்படும். முக்கியமாக இம்முறையை 3 மாதம் தொடர்ந்து செய்து வந்தால், உடல் எடையில் நல்ல மாற்றத்தைக் காணலாம்.

வயிற்றுக்கடுப்பு

வயிற்றுப்போக்குடன் இரத்தம் மற்றும் சளி வெளியேறும் நிலையைத் தான் வயிற்றுக்கடுப்பு என்று சொல்வார்கள். இந்த பிரச்சனைக்கு வீட்டிலேயே தீர்வு காண, தினமும் 8-10 கறிவேப்பிலை இலைகளை பச்சையாக உட்கொள்ள வேண்டும்.

காலைச் சோர்வு

கர்ப்பிணிகளுக்குத் தான் காலைச் சோர்வு ஏற்படும். இதனைத் தவிர்க்க 10 கறிவேப்பிலை இலைகளை அரைத்து சாறு எடுத்து, அத்துடன் 2 டீஸ்பூன் எலுமிச்சை சாறு மற்றும் 1 டீஸ்பூன் தேன் கலந்து பருக வேண்டும்.

குமட்டல் மற்றும் வாந்தி

மோருடன் கறிவேப்பிலையை அரைத்து கலந்து குடித்து வர, குமட்டல் மற்றும் வாந்தியில் இருந்து உடனடி நிவாரணம் கிடைக்கும்.

செரிமான கோளாறு

செரிமான கோளாறுகளால் அவஸ்தைப்படுபவர்கள், கறிவேப்பிலை, கொத்தமல்லி மற்றும் புதினா போன்றவற்றை அரைத்து சாறு எடுத்து பருக உடனே செரிமான பிரச்சனைகள் குணமாகும்.

பசியின்மை மற்றும் சுவையின்மை

உங்களுக்கு சரியாக பசி எடுப்பதில்லையா? சுவை எதுவும் தெரியவில்லையா? அப்படியெனில் அதனை சரிசெய்ய, மோரில் கறிவேப்பிலையை அரைத்து பேஸ்ட் செய்து சேர்த்து, அத்துடன் சீரகப் பொடி, ப்ளாக் சால்ட் சேர்த்து கலந்து பருக வேண்டும்.

சிறுநீரக பிரச்சனைகள்

கறிவேப்பிலை ஜூஸ் உடன் ஏலக்காய் பொடி சேர்த்து கலந்து பருகி வந்தால், சிறுநீரக சம்பந்தமான பிரச்சனைகள் குணமாகும்.

பூச்சிக்கடி

பூச்சிக்கடியைக் குணப்படுத்த கறிவேப்பிலை மரத்தில் உள்ள பழங்களை அரைத்து அத்துடன் எலுமிச்சை சாறு சேர்த்து கலந்து, பாதிக்கப்பட்ட இடத்தில் தடவ விரைவில் சரியாகும்.

கொத்தமல்லியில் உள்ள மருத்துவ நன்மைகள்

மிக எளிதாகவும் மளிவான விலையிலும் அனைத்து காலகட்டத்திலும் கிடைக்ககூடியது கொத்தமல்லி. இதனால்தான் என்னவோ அதன் பயன் நமக்கு அதிக அளவில் தெரியவில்லை.

- கொத்தமல்லியை பேஸ்டாக்கி சருமத்திற்கு தடவினால், சரும பிரச்சனைகள் தீரும். தோல் சுருக்கம் மற்றும் கருமை மறையும்.
- கொத்தமல்லியை அரைத்து, கண்களுக்கு மேலே பற்று போடுவதால், கண் பிரச்சனைகள் குறைகிறது.
- மேலும், கண்களுக்கு கீழே உள்ள சுருக்கங்கள், கருவளையங்கள் ஆகியற்றை இந்த கொத்தமல்லி போக்குகிறது.
- வயிற்று வலி, அஜீரண கோளாறுகள் போன்றவற்றை போக்குகிறது.
- கொத்தமல்லி இரத்தத்தை சுத்திகரிக்கும் தன்மை கொண்டது.
- இது அம்மை நோய்க்கும் மருந்தாக பயன்படுத்தப்படுகிறது.
- கொத்தமல்லி விதைகளை (தனியா) தேநீராக்கி குடித்தால், சிறுநீர் உடலில் தேக்கி வைக்கப்படாமல் உடலை விட்டு வெளியேறும்.
- தனியா தேநீரை பருகுவதினால், வாயு பிரச்சனைகள், அடிக்கடி ஏப்பம் வருவது, நெஞ்செரிச்சல் உண்டாவது போன்றவை குணமாகும்.

சுக்குவின் மருத்துவக்குணம்

உடல் உற்ற வாய்வை எல்லாம் அகற்றிவிடும். வாத ரோகங்கள் யாவும் போகும். பசியைத் தூண்டும். மன அகங்காரத்தை ஒடுக்கும்; சிர நோய், சீதளம், வாத குன்மம், வயிற்றுக்குத்தல், நீர் பீனிசம், நீரேற்றம், சலதோடம், கீல்பிடிப்பு, ஆசன நோய், தலைவலி, பல்வலி, காதுகுத்தல், சுவாசரோகம் ஆகிய எல்லா வியாதிகளும் போகும். வாய்வு உஷ்ணம் சீதளம் சம்பந்தப்பட்ட நோய்கள் எதுவாயினும் இந்த சுப்பிரமணி தீர்த்து வைக்கும்.

உபயோக முறைகள்

பொதுவாக ஒரு சுக்கு துண்டை மேல்தோல் நீக்கி நறுக்கி ஒரு குவளை நீரில் போட்டுக் காய்ச்சி சிறிது பால் சர்க்கரை கலந்து தினமிரு வேளை குடித்துவர மேல்கண்ட நோயெல்லாம் விலகும்.

வாதரோக சம்பந்தப்பட்ட கீல்வாய்வு, பிடிப்பு, வீக்கல், மூட்டுக்களில் வலி இவை உடம்பின் எந்த மூட்டுக்களில் வந்த போதிலும் சரி ஒரு துண்டு சுக்கு, ஒரு துண்டு உயர்ந்த பெருங்காயம் பால் விட்டு அரைத்து சேர்ந்த விழுதியை வலியும் வீக்கமுள்ள இடங்களில் தடவி வெய்யில் அல்லது நெருப்பனல் காட்ட குணமாகும். பல்வலி தாங்க முடியாத போது எகிறுசள் வீங்கி ஊசி குத்துதல் போன்று வலிக்கும்போது, ஒரு துண்டு சுக்கு எடுத்து நறுக்கி அதை அப்படியே வலிகண்ட இடத்தில் வைக்க சாந்தப்படும். தலைவலி, மண்டைப்பிடி இவைகளுக்குத் தாய்ப்-பாலில் சுக்கை அரைத்து தலைவலி கண்ட இடத்தில் பற்றுப் போட்டுவர வலிகள் நின்றுபோகும்.

முக்குணத் துணை மருந்து

சுக்கு, மிளகு, திப்பில் ஆகிய மூன்றையும் உலர்த்தி சுத்தம் செய்து சம எடை எடுத்து இடித்து துல்லியமாக தூள் செய்து வைத்துக் கொள்-வது தான் 'முக்குணத்துணை மருந்து' என்பது. இதை நோய்த் தடுப்பு மருந்தாக சிறுவர் முதல் பெரியவர் வரை உபயோகிக்கலாம். மும்மூர்த்-திகளான பிரம்மா, விஷ்ணு, சிவன் இவர்களுடைய தொழில் ஆக்கம், காத்தல், அழித்தல் என்பன போன்று இந்த முக்குண துணை மருந்-தும் உடலுக்குத் தேவைகளை ஆக்கி, தேவையற்றவைகளை அழித்து வெளியேற்றி உடலைக்காக்கும் தன்மையது. இம்மருந்து வைத்திராத சித்த மருத்துவர் கிடையாது என்று துணிந்து கூறலாம். ரசபாஷாண வகைகளை இதை துணை மருந்தாக சேர்த்துக் கொடுப்பதில் நோய் சிக்-கல் அடையாமல் விரைவில் குணமாவதுடன் ரசபாஷாண நஞ்சு மருந்-

துகளால் வாய்வு பிடிப்பு, வேக்காடு ஆகிய கெடுதல் குணம் உண்டாகாது என்பது சித்தர்களின் வாக்கு.

அளவு

குழந்தைகளுக்கு இரு மிளகளவு வெந்நீருடன், சிறுவர்களுக்கு இருமடங்கும், பெரியோர்களுக்கு வயதுக்குத் தக்கபடி 10 முதல் 15 அரிசி எடை இம்மருந்தை பொதுவாக தருவார்கள். 'திரிகடுகம்' என்றும் இதனை சொல்வதுண்டு.

ஐந்தீ சுடர் மருந்து

சுக்கு, மிளகு, திப்பிலி, சீரகம், ஏலம் இவைகளைச் சுத்தம் செய்து சம எடை எடுத்து வெய்யிலில் உலர்த்தி இடித்து துல்லியமாக தூள் செய்து ஒரு புட்டியில் வைத்துக் கொள்க. அளவு 10 முதல் 20 அரிசி எடை தேன், நெய், வெந்நீர் ஆகிய துணைகொண்டு காலை மாலை இருவேளை பித்தநாடி மிகுந்த போது காணும் அதிஉஷ்ணம், மார்பு எரிச்சல், பக்க சூலை அனல் வாய்வு, பித்த புளியேப்பம், வயிற்றுப் புசம், பசியின்மை, வறட்சி ஆகியவைகள் ஐந்தீச்சுடர் பட்ட மாத்திரம் தீயில் பட்ட பஞ்சுபோல் பறக்கும்! இதைத் துணை மருந்தாக அமைத்து சண்ட மாருத செந்தூரம், ஆறுமுக செந்தூரம், அயம், காந்தம் முதலானவைகளுக்கு சமயோசிதம் போல் சித்த மருத்துவர்கள் கையாண்டு நீடித்த பல நோய்களைத் திறமையாக போக்கி விடுவார்கள். இம்மருந்தை 'பஞ்ச தீபாக்கினி' என்றும் கூறுவார்கள்.

ஐம்புனல் நீர் மருந்து

ஏலம் 10 கிராம், திப்பிலி 20 கிராம், சுக்கு 50 கிராம், பழுப்பு சர்க்கரை (பூராசர்க்கரை) 250 கிராம் சர்க்கரையை நீக்கி மற்றவைகளை நன்கு சுத்தம் செய்து உலர்த்தி இடித்துத் தூள் செய்தபின் சர்க்கரையை சேர்த்து கலந்து வைத்துக் கொள்ளுங்கள். அளவு 15 முதல் 20 அரிசி எடை வெந்நீர், சூடான பால், தேன் ஆகியவைகளுடன் உட்கொள்ள பித்தத்தால் தூண்டப்பெற்ற ஐயநாடி கிளர்ந்த போதும், வாந்தி, குமட்டல், செரியாமை, பெருஏப்பம், வயிற்றில் நீரும் வாய்வும் திரண்டு அதனால் உண்டாகும் தொல்லைகள், வாய் நீரூரல், சதா உமிழ்நீர் சுரந்து துப்பிக் கொண்டிருத்தல், தூக்கத்திலும் வாயில் நீர் சுரந்து நீர் வடிதல் போன்றவைகளுக்கும் நற்பயன் தரக்கூடிய மருந்து. இதற்கு 'பஞ்சதாரைச் சூரணம்' என்று பெயர்.

மாந்தைக் குடிநீர்

சுக்கு ஒரு நெல்லிக்காய் அளவு, மிளகு 6 மட்டும், சீரகம் 35 கிராம், தோல் நீக்கிய பூண்டு 3, ஓமம் 10 கிராம், சோற்றுப்பு நாலு கல் இவைகளை மெல்லிய மண் ஓட்டில் போட்டு சிறுக வறுத்து எடுத்து கொண்டு அதை அம்மியில் வைத்து அதோடு வேப்பிலைக் கொழுந்து அவுன்சு வெந்நீர் விட்டுக் கலக்கி மெல்லிய துணியில் வடிகட்டிய குடி-நீரை சாறு வைத்துக் கொண்டு, குழந்தைகளுக்கு அரை சங்களவு தாய்ப்பால் கலந்து தினம் இரண்டு முதல் நான்கு வேளை நோய்க்-குத் தக்கபடி சிறுவர்களுக்கு முழு சங்களவு கொடுத்துவர சகல மாந்தம், கணை மற்றும் வயிற்றுக் கோளாறுகள் யாவும் விலகும்.

சுகபேதிக் குடிநீர்

சுக்கு, பிஞ்சு கடுக்காய், சீமை நிலாவிரை ரூபாய் எடை வீதம் எடுத்து இடித்து இரண்டு குவளை நீர் விட்டுக் காய்ச்சி ஒரு குவளை-யாக்கி வடிகட்டி அத்துடன் 1 ரூபாய் எடை பேதி உப்பு கலந்து காலை-யில் வெறும் வயிற்றில் குடித்துவிட்டால் இரண்டொரு மணி நேரத்திற்-குள் களைப்பு ஆயாசமின்றி நன்றாக பேதி ஆகி வயிற்றில் உள்ள மலச்சாக்கடை சுத்தமாகி உடல் ஆராக்கியம் பெறும், பேதியை நிறுத்த மோர் சாதம் அல்லது எலுமிச்சம் பழ சர்பத் குடிக்க பேதி நின்று போகும். இம்முறையில் கண்ட மருந்து நாட்டு மருந்துக்கடைகளில் கிடைக்கும்.

பல் ரோகப்பொடி

சுக்கு, காசிக்கட்டி, கடுக்காய்த் தோல், இந்துப்பு இவைகளைச் சமமாக எடுத்துலர்த்தி இடித்துத் தூள் செய்து வைத்துக் கொண்டு சதா பல்லில் எகிறுகளில் இருந்து இரத்தம் கசிந்து கொண்டு இருக்கும் அன்-பர்கள், சிரித்தால் அழுதால் பல்லில் இரத்தம் வருபவர்கள், தினம் இரண்டும் முறையும் பல்துலக்கி வர இவையாவும் ஒழிந்துபோகும்.

சுக்கு இல்லாவிடில் மருத்துவத்துறையில் சிறப்பான முறைகளைச் செய்வது அரிது! பல மருந்துகளில் சுக்கு தலைவனாக சேரும்போது திறமை மிகுந்த தளபதியைப் போல் நோய்களை விரட்டும், சுக்குக்கு மேல் தோலிலும், அருகம்புல்லுக்கு கணுக்களில் நஞ்சும் இருப்பதாக மருத்துவ ஏடுகள் கூறுகின்றன. ஆகவே இவைகளைப் பயன்படுத்தும் போது நஞ்சு பாகத்தை நீக்கி பயன்படுத்தல் வேண்டும்.

மத்தள வாய்வு வலி

கனமான மாவு சுக்காக தேர்ந்து எடுத்து தேவையான அளவு சுத்தம் செய்துகொள்ள வேண்டும். அந்த சுக்கு அளவுக்கு சோற்றுக்குப் போடும் உப்பு எடுத்து சிறிது நீர் விட்டு நன்றாக அரைத்துக் கொண்டு ஒவ்வொரு சுக்கின் மேலும் கவனமாக கவசமிட்டு உலரவைத்த பின் அடுப்பில் நெருப்பு ஆறி நீறுபூத்த அனலாக இருக்கும் சமயம் அதனுள் இந்த சுக்குகளை சொருகி வைத்து சிறிது நேரம் கழித்த பின்பு எடுத்து சுத்தம் செய்து வைத்துக் கொள்ளவும். (அனலில் வைத்த சுக்கு கருகி விடாமல் பார்த்துக் கொள்வது அவசியம்.)

அளவு 15 முதல் 30 அரிசி எடை வெந்நீர் அல்லது மோர் ஆகியவைகளில் குடிக்கலாம். வயிற்றில் உண்டாகும் சகல வாய்வு ரோகமும் வயிறு பெருத்து பலூன் போலாகி வாய்வு திரண்டு அடிக்கடி சூடாக ஆசனவாய் வழியே புதிய காடா துணி கிழிப்பது போன்ற சப்பதத்துடன் காற்று வெளியாவதும், வாய் வழி பெருஏப்பம் விடல் மந்தமான வாய்வு பொருமல் யாவும் குணமாகிவிடும்.

சுக்கு தனித்து தொடர்ந்து சில நாள் சாப்பிட மனதில் நன்கு வேலை செய்து அகங்காரம், கோபம், எரிச்சல் ஆகியவைகளையும் தணிக்க வல்லது. இதனை உடனடியாக சோதிக்க விரும்புவோர் ஒன்று செய்யுங்கள்! சுக்கை வெந்நீர் விட்டு அரைத்த விழுதியை கண் இமையின் உள்ளே தடவிப் பாருங்கள்! கண்கள் எரிய அகங்காரமெல்லாம் போய் கோபம் தணிந்து மன அமைதி பெறும். அது மட்டுமா? கண்களிலிருந்து அழுக்குகள் கெட்ட நீர் எல்லாம் வெளியாகி கண்கள் பிறகு சில்லென குளிர்ச்சியாக கண்கள் ஒளி பெறும். இதனை நம் முன்னோர்கள் சிறு வயதில் அடங்காது அட்டகாசம் செய்யும் முரட்டுப் பிள்ளைகளை ஒரே சுக்குத் துண்டால் சாதுவாகச் செய்து விடுவார்கள்!

சுக்கு ஒரு பழங்கா பெனிசிலின் என்று சொன்னால் மிகையல்ல. காலையில் இஞ்சி, கடும்பகல் சுக்கு, மாலையில் கடுக்காய் மண்டலம் தின்றால் கோலை ஊன்றி நடந்தோர் கோலை விட்டு குலாவி நடப்பாரே! என்பது பண்டைய தமிழ்மொழி.

சுக்கு தீவிர நோய்களை குணப்படுத்துவது போல நாட்பட்ட நோயால் மரணப்படுக்கையில் இருப்பவர்களுக்கும் கொடுக்கலாம் என்பதனை 'திரிபலா சுக்கு டோக்க தெரித்து உயிர் போமுன்' என்ற திருப்புகழ் பாடலால் அறியலாம்.

குடிநீர் பானம்

சுமார் 15 ஆண்டுகளுக்கு முன்பு ஆங்காங்கே குடிநீர் நிலையங்கள் இருந்தன. இதில் இரு விதம் உண்டு. ஒன்று தண் ர் பந்தல் மற்றொன்று அரசினர் அனுமதி பெற்ற கள்ளுக்கடை இரண்டிலும் இட்லி, தோசை, வடை ஆகிய சிற்றுண்டிகளும் கிடைக்கும். இந்த இரண்டு குடிநீர் பானங்களும் ஏறத்தாழ நல்ல ஆரோக்கியம் உள்ளவைகளே என்றால் இதை யாரும் மறுக்க முடியாது. இந்த தண் ர் பந்தல் சுக்கு குடிநீரை விட்டு, நாகரீகத்தை தழுவி காப்பி குடியே கபே ஓட்டல்களாக மாறின! இதுபோல் கள்ளுக்கடைகளும் மறைந்து, கள்ளச்சாராயம் காய்ச்சும் கருப்புச் சந்தையாகி மக்களின் உயிரைக் குடித்து வருகிறது என்றால் இதையும் மறுக்க முடியாதல்லவா?

பிரண்டை – மருத்துவ குணங்கள்

எலும்புகளுக்கு பலம் கொடுக்க கூடியதும், ஈறுகளில் ரத்த கசிவை நிறுத்தும் தன்மை கொண்டதும், வாயு பிடிப்பை போக்க வல்லதும், கொழுப்பை குறைக்க கூடியதுமான பிரண்டையில் பல்வேறு நன்மைகள் உள்ளன. கொழுப்பு சத்தை கரைப்பதுடன் ஒவ்வாமைக்கு மருந்தாகிறது.

எலும்புகளை பலப்படுத்தும் மருந்து

தேவையான பொருட்கள்:

பிரண்டை பொடி, பனங்கற்கண்டு, பால். பிரண்டை பொடி நாட்டு மருந்து கடைகளில் கிடைக்கும். சுண்ணாம்பு தெளிவுநீரில் பிரண்டை துண்டுகளை ஊறவைத்து காயவைத்து பொடி செய்யலாம். அரை ஸ்பூன் பிரண்டை பொடியுடன், சிறிது பனங்கற்கண்டு, ஒரு டம்ளர் நீர்விட்டு கொதிக்க வைக்கவும்.

இதை வடிகட்டி காய்ச்சிய பால் சேர்த்து குடிப்பதால் எலும்புகள் பலப்படும். எலும்பு முறிவு இருக்கும்போது இதை எடுத்து கொண்டால் வலி குறையும். பிரண்டையில் வைட்டமின் சி அதிகம் உள்ளது. கால்-சியம் சத்தை உடைய இது, ஈறுகளில் ரத்தம் கசிவை சரிசெய்யும்.

ரத்த மூலத்துக்கான மருந்து

தேவையான பொருட்கள்:

பிரண்டை துண்டுகள், மிளகு பொடி, சுக்கு பொடி, நெய். பிரண்-டையின் நாரை நீக்கிவிட்டு சதைப் பகுதியை எடுக்கவும். இதை புளி தண்ணீரில் 3 மணி நேரம் ஊற வைக்கவும்.

பாத்திரத்தில் சிறிது நெய் விட்டு, ஊறவைத்த பிரண்டை துண்டு-களை போடவும். இதனுடன் சுக்கு பொடி, மிளகுப் பொடி சேர்க்கவும்.

இதை பசையாக அரைத்து கொட்டை பாக்கு அளவுக்கு காலை, மாலை என 8 நாட்கள் சாப்பிட்டுவர ரத்த மூலம் சரியாகும்.

ஆசனவாயில் இருந்து வரும் ரத்தம் நிற்கும். மலைப் பகுதியில், வயல் வெளியில் படர்ந்து காணப்படும் பிரண்டை, ரத்தத்தை உறைய வைக்கும் தன்மை கொண்டது. புண்களை ஆற்றும்.

வாயு பிடிப்பு, கைகால் குடைச்சலுக்கான மருந்து

தேவையான பொருட்கள்:

பிரண்டை துண்டுகள், உளுத்தம் பருப்பு, வரமிளகாய், பூண்டு, புளி, இஞ்சி, நல்லெண்ணெய்.

ஒரு பாத்திரத்தில் நல்லெண்ணெய் விடவும். எண்ணெய் காய்ந்தவுடன் உளுந்தம் பருப்பு சேர்க்கவும். பூண்டு, வரமிளகாய், இஞ்சி துண்டு, சிறிது புளி சேர்த்து வதக்கவும். புளி தண்ணியில் ஊறவைத்த பிரண்டை துண்டுகளை போடவும். நன்றாக வதக்கவும்.

ஆறவைத்து சட்னி போன்று அறைத்து தாளிக்கவும். இது வாயு பிடிப்பை குணமாக்குவதுடன், கைகால் குடைச்சலை சரிசெய்கிறது. பிரண்டையானது உள் உறுப்புகள், எலும்புகளை பலப்படுத்துகிறது. ரத்தத்தில் சேரும் கெட்ட கொழுப்பை கரைத்து நல்ல கொழுப்பை நிலைநிறுத்துகிறது.

துளசி - மருத்துவ குணங்கள்

துளசி இலைக்கு மன இறுக்கம், நரம்புக் கோளாறு, ஞாபகச் சக்தி இன்மை, ஆஸ்துமா, இருமல் மற்றும் பிற தொண்டை நோய்களை உடனுக்குடன் குணமாக்கும் சக்தி உண்டு. துளசி இலைச் சாறில் தேன், இஞ்சி முதலியன கலந்து ஒரு தேக்கரண்டி அருந்தலாம். சளி, இருமல் உள்ள குழந்தைகளுக்கு தினமும் மூன்று வேளை மூன்று தேக்கரண்டி இந்த துளசிக் கஷாயம் கொடுத்தால் போதும்.

வேறு பெயர்கள்:

துழாய், திவ்யா, பிரியா, துளவம், மாலலங்கல், விஷ்ணுபிரியா, பிருந்தா, கிருஷ்ணதுளசி, ஶ்ரீதுளசி, ராமதுளசி

இனங்கள்:

நல்துளசி, கருந்துளசி, செந்துளசி, கல்துளசி, முள்துளசி, நாய்துளசி (கஞ்சாங்கோரை, திருத்துழாய்)

தாவரப்பெயர்கள்: Ocimum, Sanctum, Linn Lamiaceae, Labiatae (Family)

வளரும் தன்மை

வடிகால் வசதியுள்ள குறுமண் மற்றும் செம்மண், வண்டல்மண், களி கலந்த மணற்பாங்கான இருமண், பாட்டு நிலம் தேவை. கற்பூரமணம் பொருந்திய இலைகளையும் கதிராக வளர்ந்த பூங்கொத்துகளையும் உடைய சிறுசெடி. தமிழகமெங்கும் தானே வளர்கின்றது. துளசியின் தாயகம் இந்தியா. அந்தமான் மற்றும் நிக்கோபார் தீவுக்கும் பரவியுள்ளது. துளசியை விதை மற்றும் இளம் தண்டுக் குச்சிகள் மூலம் பயிர் பெருக்கம் செய்யலாம். மண்ணில் கார அமில நிலை 6.5 - 7.5 வரை இருக்கலாம். வெப்பம் 25 டிகிரி முதல் 35 டிகிரி.

பயன் தரும் பாகங்கள்: இலை, தண்டு, பூ, வேர் அனைத்துப் பகுதிகளும் மருத்துவ குணம் வாய்ந்தவை.

மருத்துவ பயன்கள்

மூலிகைகளின் ராணியான துளசி, அதன் மருத்துவ குணத்தால், ஆயுர்வேத மருத்துவத்தில் பெரிதும் பயன்படுத்தப்பட்டு வருகிறது. அதிலும் இதன் இலைகள் மட்டுமின்றி, அதன் பூக்களிலும் எண்ணற்ற மருத்துவ குணங்கள் நிறைந்துள்ளது. மேலும் பெரும்பாலான தென்னிந்திய வீடுகளில் துளசி கட்டாயம் வளர்க்கப்படும் செடிகளுள் ஒன்று. எனவே உங்கள் வீட்டிலும் துளசி செடி இருந்தால், உங்களுக்கு ஏற்படும் பல்வேறு ஆரோக்கிய பிரச்சனைகளுக்கு வீட்டிலேயே தீர்வு காணலாம்.

காய்ச்சல்

காய்ச்சல் இருக்கும் போது, உடனே மாத்திரையை வாங்கிப் போடாமல், துளசி இலையை வாயில் போட்டு மென்று வாருங்கள். இதனால் துளசியானது காய்ச்சலை குறைத்துவிடும்.

தொண்டைப்புண்

தொண்டைப் புண் இருக்கும் போது, துளசியை நீரில் போட்டு கொதிக்க வைத்து, அந்த நீரால் வாயை கொப்பளித்தால், தொண்டைப்புண் குணமாகும்.

தலை வலி

உடலில் வெப்பம் அதிகம் இருந்தால், தலை வலி வரக்கூடும் என்பது தெரியுமா? ஆம், அப்படி வரும் தலை வலிக்கு துளசி மிகவும் சிறப்பான நிவாரணி. அதற்கு துளசியை அரைத்து, அதில் சந்தனப் பொடி சேர்த்து கலந்து, நெற்றியில் பற்று போட்டு வந்தால், நல்ல நிவாரணம் கிடைப்பதோடு, உடல் சூடும் குறையும்.

கண் பிரச்சனைகள்

கருப்பு துளசியின் சாறு கண்களில் ஏற்படும் பிரச்சனைகளுக்கு நல்ல தீர்வைத் தரும். அதிலும் கண்களில் புண் இருந்தால், கடுமையான அரிப்பு, எரிச்சல் ஏற்படும். அப்போது துளசியின் சாற்றினை கண்களில் ஊற்றினால், விரைவில் குணமாகும்.

வாய் பிரச்சனைகள்

ஈறுகளில் ஏதேனும் பிரச்சனை இருந்தாலோ அல்லது வாய் துர்நாற்றம் அடித்தாலோ, அப்போது துளசியை உலர வைத்து, பொடி செய்து, அத்துடன் கடுகு எண்ணெய் ஊற்றி பேஸ்ட் செய்து, ஈறுகளில் தடவி தேய்த்து கழுவ வேண்டும். இப்படி செய்தால், வாய் பிரச்சனைகள் அகலும்.

இதய நோய்

தினமும் காலையில் எழுந்ததும் வெறும் வயிற்றில் துளசி இலையை சாப்பிட்டு வந்தால், அவை இரத்த அழுத்தத்தை கட்டுப்படுத்தி, இதய நோய் வரும் அபாயத்தைக் குறைக்கும்.

சளி, இருமல்

இருமல் கடுமையான சளி மற்றும் இருமலால் அவஸ்தைப்பட்டால், துளசி இலையை மென்று அதன் சாற்றினை விழுங்கி வாருங்கள். இதனால் அதில் உள்ள மருத்துவ குணத்தால், சளி, இருமல் பறந்தோடிவிடும்.

நீரிழிவு

நீரிழிவு நோயாளிகள் துளசி இலையை சாப்பிட்டு வந்தால், அதனால் இரத்தத்தில் உள்ள சர்க்கரையின் அளவு குறைந்து, இன்சுலின் சீராக சுரக்கப்பட்டு, நீரிழிவை கட்டுப்பாட்டுடன் வைக்கும்.

சிறுநீரக கற்கள்

துளசி இலையை சாறு எடுத்து, அதில் சிறிது தேன் சேர்த்து கலந்து குடித்து வந்தால், சிறுநீரக கற்கள் மற்றும் சிறுநீரக பாதையில் ஏதேனும் தொற்று இருந்தாலும் குணமாகும்.

மன அழுத்தத்தைக் குறைக்கும்

மன அழுத்தம் என்பது தற்போது அதிகம் உள்ளது. உங்களுக்கு மன அழுத்தமில்லாத வாழ்க்கை வாழ ஆசை இருந்தால், துளசி இலையை தினமும் சாப்பிட்டு வாருங்கள். இதனால் அதில் உள்ள அடாப்டோஜென் மன அழுத்தத்தைப் குறைக்கும்.

தேங்காயில் உள்ள மருத்துவ குணங்கள்

புரதச் சத்து, மாவுச் சத்து, கால்சியம், பாஸ்பரஸ், இரும்பு உள்ளிட்ட தாதுப் பொருள்கள், வைட்டமின் சி, அனைத்து வகை பி காம்ப்ளக்ஸ் சத்துக்கள், நார்ச்சத்து என உடல் இயக்கத்துக்குத் தேவைப்படும் அனைத்துச் சத்துகளும் தேங்காயில் உள்ளன.

- தேங்காய்ப் பால் உடல் வன்மைக்கு நல்லது. தேங்காய் எண்ணெய் சித்த மருத்துவத்தில் பல்வேறு மருந்துகளில் சேர்க்கப்படுகிறது.
- தேங்காய் எண்ணெய் தடவி வந்தால் தீப்புண்கள் விரைவில் குணமாகும். கூந்தல் வளர்ச்சிக்கு தேங்காய் எண்ணெய் சிறந்த டானிக்.
- தேமல், படை, சிரங்கு போன்ற நோய்களுக்குத் தயாரிக்கப்படும் மருந்துகளில் பெருமளவு தேங்காய் எண்ணெய் சேர்க்கப்படுகிறது.
- மாதவிடாயின் போது ஏற்படும் அதிக உதிரப்போக்குக்கு, தென்னை மரத்தின் வேரிலிருந்து எடுக்கப்படும் சாறு நல்ல மருந்து. வெள்ளை படுதலுக்கு தென்னம் பூ மருந்தாகப் பயன்படுத்தப்படுகிறது.
- தேங்காய் எண்ணெய் தயாரிக்கும்போது கிடைக்கும் புண்ணாக்கோடு கருஞ்சீரகத்தையும் சேர்த்து தோல் நோய்களுக்கான மருந்துகள் தயாரிக்கப்படுகின்றன.
- தேங்காய் சிரட்டையில் (வெளிப்புற ஓடு) இருந்து தயாரிக்கப்படும் ஒருவித எண்ணெய் தோல் வியாதிகளைக் குணப்படுத்துகிறது.
- மூல முளை, ரத்த மூலம் போன்றவற்றுக்கு தென்னங்குருத்திலிருந்து மருந்து தயாரிக்கப்படுகிறது. தேங்காய்ப் பால் நஞ்சு முறிவாகப் பயன்படுத்தப்படுகிறது.
- சேராங்கொட்டை நஞ்சு, பாதரச நஞ்சு போன்றவற்றுக்குத் தேங்காய்ப் பால் சிறந்த நஞ்சு முறிவு.
- தேங்காய் எண்ணெய்யைக் கொண்டு தயாரிக்கப்படும் தைலங்கள் பல்வேறு நோய்களைக் குணப்படுத்துகின்றன. நாள்பட்ட தீராத புண்களுக்கு மருந்தாகத் தரப்படும் மத்தம் தைலம், தோல் நோய்களுக்கான கரப்பான் தைலம், வாத வலிகளைக் குணப்படுத்தும் கற்பூராதி தைலம், தலைக்குப் பயன்படுத்தப்படும் நீலபிரிங்காதித் தைலம், சோரியாசிஸ் நோய்க்குப் பயன்படும் வெப்பாலைத் தைலம், தலையில் உள்ள பொடுகுக்கு மருந்தாகும் பொடுதலைத் தைலம்

ஆகிய தைலங்களில் தேங்காய் எண்ணெய்யின் பங்கு முக்கியமானது.

- தேங்காய் எண்ணெய் எளிதில் ஜீரணமாகும். குழந்தைகளுக்குத் தேவையான எல்லாச் சத்துகளும் தேங்காய்ப் பாலில் உள்ளன. தேங்காய் பாலில் கசகச, பால், தேன் கலந்து கொடுத்தால் வறட்டு இருமல் மட்டுப்படும். பெரு வயிறுக்காரர்களுக்கு (வயிற்றில் நீர் கோர்த்தல்) இளநீர் கொடுத்தால் சரியாகும். தேங்காய்ப் பாலை விளக்கெண்ணெய்யில் கலந்து கொடுத்தால் வயிற்றில் உள்ள புழுக்களை அப்புறப்படுத்தும்.
- தேங்காய்ப் பாலில் காரத்தன்மை உள்ளதால், அதிக அமிலம் காரணமாக ஏற்படும் வயிற்றுப் புண்களுக்கு (Ulcer) தேங்காய்ப் பால் மிகவும் சிறந்தது. உடலுக்குத் தேவையான அமீனோ அமிலங்கள் உள்ளன. இவை உடலின் வளர்ச்சிதை மாற்றத்துக்குப் பெரிதும் உதவுகிறது
- ஃபேட்டி ஆசிட் (Medium Chain Fatty Acid) தேங்காயில் அதிகமாக உள்ளது. உடலில் உள்ள கொழுப்புச் சத்தைக் குறைக்கும் காப்ரிக் ஆசிட் மற்றும் லாரிக் ஆசிட் (Lauric Acid) ஆகிய இரண்டு அமிலங்களும் தேங்காயில் போதிய அளவு உள்ளன. இதனால் தேங்காய் எண்ணெய் உரிய அளவு தினமும் உணவில் சேர்த்து வந்தால் உடல் எடை குறையும் என்று அண்மைக்கால ஆய்வுகள் மூலம் தெரியவந்துள்ளன.
- தேங்காயில் உள்ள லாரிக் ஆசிட் மற்றும் காப்ரிக் ஆசிட் ஆகியவை வைரஸ் மற்றும் பாக்டீரியல் நுண்கிருமிகளை எதிர்க்கும் திறன் கொண்டதாக உள்ளது. தேங்காயில் உள்ள மோனோ லாரின் (Mono Laurin) வைரஸ் செல் சுவர்களைக் கரைக்கிறது. எய்ட்ஸ் நோயாளிகளுக்கு வைரல் லோடைக் குறைக்கிறது. தேங்காயில் நோய் எதிர்ப்புச் சக்தி அதிகம். உடலின் வளர்ச்சிதை மாற்றத்துக்கு (Metabolism)பெரிதும் உதவுகிறது. இதன் மூலம் சக்தியை அதிகப்படுத்துகிறது.
- முற்றிய தேங்காய் ஆண்மைப் பெருக்கியாகப் பயன்படுகிறது. அதில் உள்ள வைட்டமின் இ முதுமையைத் தடுக்கிறது. தைராய்டு சுரப்பியின் செயல்பாட்டை ஊக்கப்படுத்துகிறது.

- குழந்தை சிவப்பு நிறமாக... குழந்தைகள் நல்ல நிறமாக பிறக்கவேண்டும் என்பதற்காக குங்குமப்பூ சாப்பிடுவது வழக்கம். அதுபோல் குழந்தை நல்ல நிறமாகப் பிறக்க தேங்காய்ப் பூவை சாறாக்கி கர்ப்பிணிகளுக்குக் கொடுக்கும் வழக்கமும் உள்ளது.

இளநீரின் மருத்துவ குணங்கள்

1. மனித குலத்துக்கு இயற்கை தந்த பொக்கிஷம் இளநீர். சுத்தமான சுவையான பானம்.
2. இளநீரில், செவ்விளநீர், பச்சை இளநீர், ரத்த சிவப்பில் உள்ள இளநீர் என பல்வேறு வகைகள் உள்ளன. இளநீரில் எல்லா வகையிலும் மருத்துவக் குணங்கள் நிறைந்துள்ளன. அளவுக்கு அதிகமாக உள்ள வாதம், பித்தம், கபத்தைத் தீர்க்கும் மருந்து இளநீர். வெப்பத்தைத் தணிக்கும். உடலில் நீர்ச் சத்து குறையும் நிலையில் அதைச் சரி செய்யும்.
3. ஜீரண சக்தியை அதிகரிக்கும். சிறுநீரகத்தை சுத்திகரிக்கும். விந்துவை அதிகரிக்கும். மேக நோய்களைக் குணப்படுத்தும். ஜீரணக் கோளாறால் அவதிப்படும் குழந்தைகளுக்கு இளநீர் நல்ல மருந்து. உடலில் ஏற்படும் நீர் - உப்புப் பற்றாக்குறையை (Electoral Imbalance) இளநீர் சரி செய்கிறது.
4. இளநீர் குடல் புழுக்களை அழிக்கிறது. இளநீரின் உப்புத் தன்மை வழுவழுப்புத்தன்மை காரணமாக காலரா நோயாளிகளுக்கு நல்ல சத்து. ஆற்றல் வாய்ந்த கரிமப் பொருள்கள் இளநீரில் உள்ளன. அவசர நிலையில் நோயாளிகளுக்கு இளநீரை சிரை (Vein) மூலம் செலுத்தலாம்.
5. இளநீர் மிக மிகச் சுத்தமானது. ரத்தத்தில் உள்ள பிளாஸ்மாவுக்கு சிறந்த மாற்றுப் பொருளாக இளநீர் பயன்படுத்தப்படுகிறது. ரத்தத்தில் கலந்துள்ள நச்சுப் பொருள்களை அகற்ற இளநீர் பயன்படுகிறது. இளநீரிலிருந்து தயாரிக்கப்படும் "ஜெல்' என்ற பொருள் கண் நோய்களுக்குச் சிறந்த மருந்து.
6. இளநீரில் அதிக அளவில் சத்துகள் உள்ளன. சர்க்கரைச் சத்துடன் தாதுப் பொருள்களும் நிறைந்துள்ளன. பொட்டாஷியம், சோடியம், கால்சியம், பாஸ்பரஸ், இரும்பு, செம்பு, கந்தகம், குளோரைடு

போன்ற தாதுக்கள் இளநீரில் உள்ளன. இளநீரில் உள்ள புரதச்சத்து, தாய்ப்பாலில் உள்ள புரதச்சத்துக்கு இணையானது.

7. இளநீரை வெறும் வயிற்றில் சாப்பிடக் கூடாது. ஏனெனில் அதில் உள்ள அமிலத் தன்மை வயிற்றில் புண்ணை உருவாக்கும். ஏதாவது ஆகாரம் எடுத்த பின்னரே சாப்பிடவேண்டும்.

பப்பாளியின் மருத்துவ பயன்கள்

பழம்

- சருமத்தில் சுருக்கம் விழாமல் பாதுகாக்கும். குடல் பூச்சிகளைச் அழித்துச் சுத்தம் செய்யும்.
- பப்பாளி பழத்தை அடிக்கடி குழந்தைகளுக்கு கொடுத்து வர உடல் வளர்ச்சி துரிதமாகும். எலும்பு வளர்ச்சி, பல் உறுதி ஏற்படும்.
- தொடர்ந்து பப்பாளிப் பழத்தை சாப்பிட்டு வர கல்லீரல் வீக்கம் குறையும்.
- பப்பாளிப் பழத்தை தேனில் தோய்த்து உண்டு வர நரம்புத் தளர்ச்சி குறையும்.
- நன்கு பழுத்த பழத்தை கூழாக பிசைந்து தேன் கலந்து முகத்தில் பூசி, ஊறிய பின் சுடுநீரால் கழுவி வர முகச்சுருக்கம் மாறி, முகம் அழகு பெறும்.

காய்

- பப்பாளிக் காயை கூட்டாக செய்து உண்டு வர குண்டான உடல் படிப்படியாக மெலியும்.
- பப்பாளிக் காய் குழம்பை, பிரசவித்த பெண்கள் உணவில் சேர்த்து வர பால் சுரப்பு கூடும்.

விதை

- பப்பாளி விதைகளை அரைத்து பாலில் கலந்து சாப்பிட நாக்குப்பூச்சிகள் அழிந்து விடும்.

- பப்பாளி விதைகளை அரைத்து தேள் கொட்டிய இடத்தில் பூச வலி, விஷம் இறங்கும்.

பால்

- பப்பாளிக் காயின் பாலை வாய்ப்புண், புண்கள் மேல் பூச புண்கள் ஆறும்.
- பப்பாளிப் பாலை, பசும்பாலுடன் கலந்து சேற்றுப் புண்கள் மேல் தடவி வர புண்கள் ஆறும்.
- பப்பாளிப் பாலை குழந்தைகளின் தலையில் ஏற்படும் புண்களில் பூசி வர புண்கள் ஆறும்.

இலை

- பப்பாளி இலைகளை பிழிந்து எடுத்து வீக்கங்கள் மேல் பூசி வர வீக்கம் கரையும்.
- பப்பாளி இலைகளை அரைத்து கட்டி மேல் போட்டு வர கட்டி உடையும்.

மருத்துவப் பலன்கள் -2

மருத்துவப் பலன் தரும் காய்கறிகள் மற்றும் பழங்களை முறையாக உண்டு நோயின்றியும் உடல் பலத்தோடும் வாழ்வோம்

நான்

வாசகர்ளால் நான்
வாசகர்களுக்காக நான்

முற்போக்கு எழுத்தாளர் வி.எஸ்.ரோமா - கோயம்புத்தூர்
+91 82480 94200
20 புத்தகங்கள் எழுதியுள்ளேன்
விருதுகள் பல பெற்றுள்ளேன்.
கதை , கவிதை, கட்டுரை, நாவல் பொன்மொழி, நாடகம் எழுதுவேன்.

என்
எழுத்து
என் மூச்சுள்ள வரை
என் வாசிப்பே
என் சுவாசிப்பு
என்றும்

எழுதிக் கொண்டிருக்க வே
என் ஆசை

நான் திருமணமே செய்து கொள்ளாத பெண்மணி என்பதில்
எனக்கு மகிழ்வே.

என் எழுத்துக்கு முழு ஒத்துழைப்பு கொடுப்பவர்கள் என்
பெற்றோர்களே.

தந்தை
கா சுப்ரமணியன் _ தாசில்தார் - ஓய்வு

தாய்.
சு. கிருஷ்ணவேணி

என் பெற்றோர்களே
என்
எழுத்துக்கும்
எனக்கும் முழு ஒத்துழைப்பு தருகின்றவர்கள் என்பதில்
எனக்கு மகிழ்ச்சியே.

நான் ரோமா ரேடியோ
என்ற பெயரில் எஃப் எம் ஆரம்பித்துள்ளேன்.

என்
எழுத்து
என் ரோமா வானொலி மூலம்
எங்கும் ஒலிக்க
எட்டு திக்கும் ஒலிக்க
என் ஆவல்.

பெண்களை
பெரிதாக நினைத்துப்

பெரும் மகிழ்ச்சியடைந்து
பெருமைப் படுத்த வேண்டும்.

முற்போக்கு எழுத்தாளர்
வி.எஸ். ரோமா
Roma Radio
கோயம்புத்தூர்
+91 82480 94200

www.ingramcontent.com/pod-product-compliance
Lightning Source LLC
Chambersburg PA
CBHW021000180526
45163CB00006B/2448